Michael Dienst

Die Ermittlung des fluidmechanischen Reibungswider-stands auf der Basis einfachster Volumenmodelle

GRIN Verlag

Bibliografische Information der Deutschen Nationalbibliothek:

Die Deutsche Bibliothek verzeichnet diese Publikation in der Deutschen National-
bibliografie; detaillierte bibliografische Daten sind im Internet über http://dnb.d-
nb.de/ abrufbar.

Impressum:

Copyright © 2014 GRIN Verlag GmbH
Druck und Bindung: Books on Demand GmbH, Norderstedt Germany
ISBN: 978-3-656-57070-7

Dieses Buch bei GRIN:

http://www.grin.com/de/e-book/267048/die-ermittlung-des-fluidmechanischen-
reibungswiderstands-auf-der-basis

GRIN - Your knowledge has value

Der GRIN Verlag publiziert seit 1998 wissenschaftliche Arbeiten von Studenten, Hochschullehrern und anderen Akademikern als eBook und gedrucktes Buch. Die Verlagswebsite www.grin.com ist die ideale Plattform zur Veröffentlichung von Hausarbeiten, Abschlussarbeiten, wissenschaftlichen Aufsätzen, Dissertationen und Fachbüchern.

Besuchen Sie uns im Internet:

http://www.grin.com/

http://www.facebook.com/grincom

http://www.twitter.com/grin_com

Die Ermittlung des fluidmechanischen Reibungswiderstands auf der Basis einfachster Volumenmodelle

Mi. Dienst, Berlin im Winter 2013/24

Intro. In den Naturwissenschaften und in der Technik sind es fluidmechanische Fragestellungen, die sowohl einen hohen strukturellen Aufwand (Windkanäle, Strömungsmessstrecken), ausgefeilte numerische Methoden (Strömungssimulation, Computational Fluid Dynamics, CFD) als auch eine sehr hohe theoretische Sachverständigkeit aller Beteiligten fordern. In der Praxis der Übertragung von in der belebten Natur beobachteten Phänomenen auf Technik treten genau hier nahezu systematisch jene Hemmnisse auf, die eine Produktentwicklung im klassischen Sinne verzögern oder gar vollkommen scheitern lassen. Zwar unterstützen Computer Aided Design (CAD) und hochperformante Programmsysteme des Physical Modelling, etwa Simulationsmethoden, wie die Strukturanalyse mit FEM (Finite Element Methode und Berechnung der Strömungsgrößen mit CFD dank Soft- und Hardwareverfügbarkeit die „Frühe Phase" der industriellen Produktentwicklung, doch trotz allen Simulierens und Optimierens werden (frühe) realitätsnahe Szenarien untersucht, die von Konstrukteuren und Designern in einem ersten Schritt vage, dann aber immer konkreter werdenden Funktions-, Gestaltungs- und Materialaussagen erfordern. Konzepte, Bauweisen und Strategien der Biologie unterscheiden sich in verblüffender Weise von denen der Technik, so dass der technischen Innovation nach dem Vorbild eines Phänomens, beobachtet in der belebten Natur, eine wissenschaftliche Auseinandersetzung seiner physikalischen, chemischen und informationstechnischen Ursachen vorausgeht. Bei fluidischen Phänomen, beobachtet an einem Lebewesen wird, um die prinzipielle Lösung auf ein technisches Problems übertragen zu können, eine Ähnlichkeit hinsichtlich des Funktions- und Wechselwirkungsgeschehens gefordert. Für einen ersten Ansatz sind daher Similaritätsbetrachtungen, die den Einstieg in ein Übertragungsszenario im Sinne der Bionik leisten, nützlich.

Einfachste dreidimensionale Geometrien. Bei der Übertragung von Strömungsphänomenen gehört eine Einschätzung des Form- und des Reibungswiderstands zu den ersten Vorüberlegungen. Die frühe Phase der Übertragung biologischer Phänomene in Technik stellt die Modellierung der Strömungssituation und die Erarbeitung der geometrischen Parameter dar. Neben Klärung des relevanten Strömungsmediums und seiner Kenngrößen (Dichte, Temperaturbereich, Transportkoeffizienten) sind Aussagen über das Strömungsfeld (Strömungsgeschwindigkeit und Strömungsrichtung) von Belang um frühe Entscheidungsgrundlagen herzustellen, indem Parameterstudien qualitative Vorstellungen und erste quantitative Aussagen liefern, etwa Funktionen und (Wechsel-) Wirkungen. Die Kombination mehrerer Wirkprinzipien führen dann auf eine Funktions- und Wirkstruktur der Lösung. In einer Wirkstruktur wird das Zusammenwirken mehrerer Wirkprinzipien erkennbar, die das Prinzip der Lösung (Lösungsprinzip) zum Erfüllen einer gestalterischen Gesamtaufgabe angibt. Das Lösungsprinzip seinerseits beschreibt sowohl das Arbeitsergebnis der Konzeptphase der industriellen Produktentwicklung als auch in Hinblick einer bionischen Übertragung das Resultat der frühen Phase der Biosystemanalyse.

In einer ersten Einschätzung über ein Strömungsphänomen möchte man nun gerne einen groben Überblick gewinnen, in welchem Größenordnungsbereich sich das Wechselwirkungsgeschehen zwischen Fluid und Strömungskörper abspielt, welche aufgeprägten Kräfte und eingetragenen Energien auf den anvisierten Strömungskörper im Kontext des Fluids (Kenngrößen) bewegen. Dieser erste Schritt ist vergleichbar mit der Ermittlung der Auflagerreaktionen bei einer statischen Berechnung. Für eine erste Modellbildung des Strömungsphänomens ist es jedoch notwendig, den (biologischen) Strömungskörper in seinen

„LEGO"-Körper

äußeren Abmessungen abzubilden und das Volumen und die ummantelnde Oberfläche zu ermitteln. In vielen Fällen reicht auch die Angabe einer Hüllkörpergeometrie für erste physikalische Aussagen aus. Doch nicht immer existieren schon in dieser frühen Phase eines Untersuchungsvorhabens computergestützte Darstellungen der Körpergeometrie (CAD) des Wesens, oder die Geometrie-Informationen aus der Biosystemanalyse liegen in einer für ingenieurtechnische Voruntersuchungen ungeeigneten Form vor. Und: gerade die Gestalt biologischer Strömungskörper (Lebewesen), lassen sich nur in wenigen Ausnahmen als „geometrische LEGO-Körper" aus der Schulformelsammlung, wie etwa durch Halb- und Vollkugeln, Zylinder und Kegelstümpfe, Rund- oder Polyederpyramiden oder einer geschickten Komposition dieser Grundkörpern abbilden.

Der Ellipsoid mit seiner per Definition an jeder Stelle seiner Außenkontur stetigen und über den Gesamtkörper omnikonvexen Hülle, erscheint alleine schon deshalb auf den ersten Blick als idealer Universalkörper, weil er – insbesondere in der Kombination zweier Halbellipsoide mit gemeinsamer Schnittfläche - eine enorme Vielfalt an Formen darstellen kann; allerdings erweist sich die Berechnung der Oberfläche eines selbst einfachen biaxialen Ellipsoiden als durchaus anspruchsvoll.

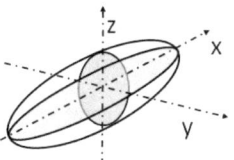

Nachfolgend wird die recht elegante Näherungsformel (Form F06) von Knud Thomsen angegeben. Zunächst aber legen wir vor dem Hintergrund einiger Vorüberlegungen, in einem kartesischen Koordinatensystem mit dem Einheitsvektor $\{e_x, e_y, e_z\}$ im Konstruktionsmittelpunkt den geometrischen Richtungssinn des universalen, triaxialen Ellipsoiden mit den drei Radien $\{a, b, c\}$ fest.

Mit $a \geq b \geq c$ ist der Ellipsoid gegeben mit der Gleichung:

Ellipsoid: $(x^2/a^2) + (y^2/b^2) + (z^2/c^2) = 1$ $\qquad$ F01

Das Erzeugendensystem selbst, die Ellipse deren Mittelpunkt im Koordinatenursprung der relevanten Schnittebene mit dem Einheitsvektor $\{e_x, e_y\}$ liegen soll, ist gegeben mit der Gleichung:

Ellipse: $x^2/a^2 + y^2/b^2 = 1$ $\qquad$ F02

Der Flächeninhalt, der bei der bei der Berechnung des Formwiderstands eine Rolle spielt, sofern Informationen über den (Form-) Widerstandskoeffizienten c_F vorliegen, ist gegeben mit der Gleichung F03. Darüber hinaus wird in manchen Situationen eine Formel für den Umfang einer Ellipse nachgefragt. Hier ist die dargestellte Näherungsformel hinreichend genau.

Fläche der Ellipse: $A = \pi\, a\, b$ bzw. $A = \pi\, a^2\, (1-e^2)^{1/2}$ mit $e = (1-b^2/a^2)^{1/2}$ der Exzentrizität $\qquad$ F03

Umfang der Ellipse: $U \approx 2\pi\, (1/2(a^2 + b^2))^{1/2} = 2\pi\, (2(a^2 + b^2))^{1/2}$ $\qquad$ F04

Das Volumen V eines allgemeinen triaxialen Ellipsoiden ist dann gegeben mit:

Ellipsoid- Volumen $\{ae_x, be_y, ce_z\}$ mit: $a \geq b \geq c$: $\qquad$ $V = (4/3)\, \pi\, a\, b\, c$ $\qquad$ F05

Die Berechnung der Oberfläche des allgemeinen Ellipsoiden bereitet gewisse Schwierigkeiten. Seine Außenkontur ist eine Fläche 2.Ordnung, für die sich keine elementaren Funktionen finden, die auf einfache Weise zu einer Lösung führen. Tatsächlich fand Adrien-Marie Legendre[1] um 1810 aber zwei

---

[1] Adrien-Marie Legendre (* 18. September 1752 in Paris; † 10. Januar 1833 ebendort) war französischer Mathematiker. *Exercises du calcul integral*, in drei Bänden 1811- 1819. Darin finden sich Anwendungen elliptischer Integrale.

elliptische Integrale, die eine geschlossene Berechnung der Ellipsoidenoberfläche ermöglichen. Auf eine Herleitung sei an dieser Stelle verzichtet; die durchaus komplizierten Zusammenhänge[2] werden nur verkürzt wiedergegeben.

Ellipsoid-Oberfläche {a, b, c} $A = 2 \pi c^2 + ((2 \pi b) (a^2 - c^2)^{-1/2} (c^2 F + (a^2 - c^2) E))$

F und E sind in dieser Formel die elliptischen Integrale F(k,φ) und E(k,φ)

$$E(k, \varphi) = \int_0^{\sin \varphi} \sqrt{\frac{1 - k^2 x^2}{1 - x^2}} \, dx$$ und $$F(k, \varphi) = \int_0^{\sin \varphi} \frac{1}{\sqrt{1 - x^2}\sqrt{1 - k^2 x^2}} \, dx.$$

mit den Substitutionen $$k = \frac{a}{b} \frac{\sqrt{b^2 - c^2}}{\sqrt{a^2 - c^2}}$$ und $$\varphi = \arcsin \frac{\sqrt{a^2 - c^2}}{a},$$

Knud Thomsen gibt eine Näherungsgleichung[3] mit einer Genauigkeit (+/- 1%) für die Ellipsoid-Oberfläche an, die an dieser Stelle in einer handhabbaren Form angegeben wird.

Ellipsoid- Oberfläche (Näherung) $A \approx 4 \pi (((a b)^{1,6} + (a c)^{1,6} + (b c)^{1,6})) / 3)^{0,625})$ F06

Damit sei, neben der Oberflächen und Volumina geometrischer Grundkörper, die gegebenenfalls der einschlägigen Literatur zu entnehmen sind, die Arbeitsgrundlagen bereitgelegt, um in der frühen Phase der physikalischen Beschreibung fluidmechanischer Phänomene und ihre Übertragung in Technik, erste geometrischen Modellierungen vornehmen zu können.

ERpL-Körper (Elliptic Ridged per Lenght) respektive ERpL-Profile wurden als einfach zu handhabende Modellgeometrien entworfen vor dem Hintergrund bionischer Übertragungen, als Eichkörper in Messkanälen und zur Simulation von Strömungsszenarien mit Standardkörpern [Die13-3]. Ein unkompliziert zu generierender Standardkörper ist die einfache Körperkontur ERpL[p1][p2][p2][LL], ein triaxial-symmetrischer Strömungskörper, dessen Kontur mit geringen deklaratorischen Mitteln beschrieben werden kann. Ihm liegt die Idee eines Strömungskörpers zu Grunde, der durch zwei triaxiale Halb-Ellipsoide [LL-Typ] vollständig beschrieben und durch lediglich drei Parameter eindeutig definiert ist. Prinzipiell sollen ERpL-Körper als Voll- oder Halbtaucher für Außenströmungen und zum Einsatz in Kraft- und Arbeitsströmungsmaschinen geeignet sein. Ausprägungen und Varianten der fluidmechanisch wirksamen Strömungskörper können in Serien systematisiert und geordnet werden. Die Strömungskörper können skaliert und parametrisiert werden derart, dass sie für unterschiedliche Anströmbedingungen fluidmechanisch wirksam und geeignet sind. Der Vorteil derartiger Standardkörper ist, dass in der Baupraxis und in der Reparatur- und Instandhaltungspraxis Strömungsbauteile und/oder deren Fertigungsmittel wie Profillehren oder Gussformen durch einfache mathematische Beziehungen (Ellipsoidengleichung) beschrieben werden können und in der Konstruktionspraxis geometrische Vorgaben möglich werden oder existieren, die auch vom Laien mit geringen Mitteln umgesetzt werden können. Dies sind Eigenschaften, die zur Simplifizierung der Konstruktion führen und zur Robustheit im Betrieb beitragen, was auch von wirtschaftlichem Interesse ist.

---

[2] Siehe hierzu http://de.wikipedia.org/wiki/Ellipsoid
[3] Nach Knud Thomsen (Denmark, 2004). The *symmetrical* formula for the surface area of a general ellipsoid $A \approx 2\pi (a^p b^p + a^p c^p + b^p c^p)^{1/p}$ where $p = \lg(3) = \ln(3)/\ln(2)$

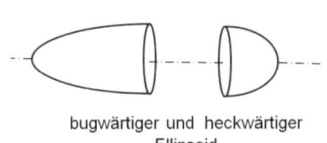

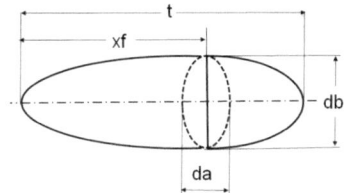

bugwärtiger und heckwärtiger
Ellipsoid

Die Kontur der ERpL-Körper vom Typ: „LL" wird durch zwei triaxial-symmetrische Halb-Ellipsoide beschrieben und durch drei Parameter [p1], [p2] und [p3] vollständig und eindeutig definiert, wie folgt: "ERpL[p1][p2][p3][TYP]". Für die Parameter soll gelten: p1 sei die spezifische Körperprofildicke da/t [%] in horizontaler Richtung; p2 sei die spezifische Körperprofildicke db/t [%] in vertikaler Richtung und p3 sei die spezifische Dickenrücklage xf/t [%] bei gegebener Länge t des Strömungskörpers. Für die näherungsweise Abschätzung der Reibungs- und Formwiderstandskräfte werden die Projektionsfläche des Strömungskörpers (Form F03) und seine benetzte Mantelfläche (aus F06) ermittelt.

ERpL-Körper-Projektionsfläche (für den Typ LL): $A_P = \pi \, da \, db$

ERpL-Körper-Oberfläche (Näherung für den Typ LL) $A_O \approx A_{ELL\text{-}BUG} + A_{ELL\text{-}HECK}$

Bugwärtiger triaxialer Halb-Ellipsoid (Näherung):
$$A_{ELL\text{-}BUG} \approx 2\,\pi\,((((da/2)(db/2))^{1,6}+((da/2)\,xf)^{1,6}+((db/2)\,xf)^{1,6})/3)^{0,625})$$

Heckwärtiger triaxialer Halb-Ellipsoid (Näherung):
$$A_{ELL\text{-}HECK} \approx 2\,\pi\,((((da/2)(db/2))^{1,6}+((da/2)\,(t\text{-}xf))^{1,6}+((db/2)\,(t\text{-}xf))^{1,6})/3)^{0,625})$$

Ein wenig spezieller ist der (achsensymmetrische) ERpL-Körper vom Typ LKK, gebildet durch einen biaxial-symmetrischen Halb-Ellipsoiden, einem Kugelabschnitt und einem Kreiskegel. Mit nur zwei Parametern [p1] und [p2] ist dieser Rotationskörper vollständig und eindeutig definiert wie folgt: "ERpL[p1][p2][TYP]". Für die Parameter soll gelten: p1 sei die spezifische Körperprofildicke d/t [%] und p2 sei die spezifische Dickenrücklage xf/t [%] bei gegebener Länge t des Strömungs-körpers.

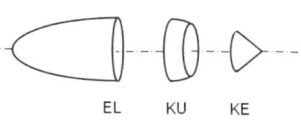

EL   KU   KE

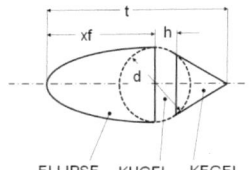

ELLIPSE   KUGEL   KEGEL

Biaxial Halb- Ellipsoid Oberfläche (Näherung)	$A_{ELLIPSO}$	$\approx 2\,\pi\,(\,(\,(d/2)^{3,2}+2(xf\,d/2)^{1,6}))\,/\,3)^{0,625}\,)$
Kegel Manteloberfläche	A_{KEGEL}	$= (d/2)\,\pi\,(t\text{-}xf\text{-}h)$
Halb-Kugel-Oberfläche	A_{KUGEL}	$= \tfrac{1}{2}\,d^2\,\pi$
Kugel-Kappen Oberfläche	A_{KUKAP}	$= d\,\pi\,((d/2)\text{-}h)$
Kugelabschnitt Manteloberfläche	A_{KUAB}	$= (\tfrac{1}{2}\,d^2\,\pi)\; -\; d\,\pi\,((d/2)\,\text{-}h)\; =\; d\,h\,\pi$
Strömungskörper[xf][d]-Mantelfläche	A	$= A_{ELLIPSO} + A_{KUAB} + A_{KEGEL}$

Reynolds-Zahlen und Transportkoeffizienten. Zu einer Zeit vor der Verfügbarkeit von Strömungskanälen oder computergestützten Simulationsprogrammen hatte der Physiker Osborne Reynolds beschrieben, dass sich Zustandsgrößen des Strömungsfeldes, respektive die lokale Geschwindigkeit und idealisierte Konstruktionsparameter (Referenz- bzw. Signifikanzlängen) des Fluidsystems dann linear variieren lassen, wenn sie auf die Transportkoeffizienten des realen, reibungsbehafteten Fluids bezogen werden. Das energetische Wechselwirkungsgeschehen an einem sich in einer Strömung befindlichen elastischen Körper wird maßgeblich über die Stoffeigenschaften des Fluids bestimmt. Neben der Dichte des Mediums spielen die Transportkoeffizienten, die kinematische und die dynamische Viskosität μ und ν bzw. die sinnfälligere (der Viskosität reziproken) kinematische und die dynamische Fluidität μ^{-1} und ν^{-1} eine entscheidende Rolle. Die Transportkoeffizienten sind über einen weiteren Stoffwert des Fluids, der Dichte ρ mit einander gekoppelt. In Tabellenwerken sind beide Darstellungen gebräuchlich.

Transportkoeffizient	Einheit	Dimension	
dynamische Viskosität μ:	$[N \cdot s \cdot m^{-2} = kg \cdot s^{-1} \cdot m^{-1} = Pa \cdot s\,]$	$[M\,L^{-1}T^{-1}]$	T01
kinematische Viskosität ν:	$[m^{2} \cdot s^{-1} = Pa \cdot s \cdot kg^{-1} \cdot m^{-3}\,]$	$[L^{2}\,T^{-1}]$	
kinematische Fluidität $\psi = \nu^{-1}$:	$[s \cdot m^{-2}\,]$	$[L^{-2}\,T]$	

Stoff	dyn. Viskosität μ	Dichte ρ	kin. Viskosität ν	
[Einheit]	$[kg \cdot s^{-1} \cdot m^{-1}\,]$	$[kg \cdot m^{-3}\,]$	$[m^{2} \cdot s^{-1}]$	T02
Luft$_1$	$18,1 \cdot 10^{-6}$	$1,188$	$15,24 \cdot 10^{-6}$	
Wasser$_2$	$1,01 \cdot 10^{-3}$	$0,998 \cdot 10^{3}$	$0,1012 \cdot 10^{-6}$	
Öl$_3$	$6,80 \cdot 10^{-3}$	$0,858 \cdot 10^{3}$	$7,93 \cdot 10^{-6}$	
Gelatine$_4$	$3,7 \cdot 10^{-3}$	$0,8 \cdot 10^{3}$	$4,625 \cdot 10^{-6}$	

Tabelle der Transportkoeffizienten und Dichten [Hüt-02] [Gel-10].

Der Begriff der Viskosität ist eng verwoben mit der Vorstellung eines Widerstands gegen Scherbewegung innerhalb des Fluids [Die-11]. Teilchen zäher Flüssigkeiten sind stärker aneinander gebunden, besitzen eine innere Reibung, die zum Teil über die Anziehungskräfte (Kohäsion) getragen wird. Die kinematische Viskosität trennt die dynamische Viskosität vom Dichteeinfluss des Mediums. Die Transportkoeffizienten sind sowohl temperatur- als auch druckabhängig.

Die dimensionslose Reynolds-Zahl stellt das Verhältnis der an einem Fluidsystem wirkenden Trägheits- und Zähigkeitskräften dar. Die Größenordnungen der Reynoldszahlen für Flugzeuge und Seefahrzeuge rangieren in einem Bereich von fünf Dekaden. Für den Konstrukteur und Entwickler technischer fluidischer Systeme sind die Strömungsverhältnisse in einem Design-Kontrollraum (Design-Space) unterschiedlicher geometrischer Form und Größe ein wichtiges Kommunikationsmittel. Für Strömungsbauteile und Anbauten, etwa den Leit- und Steuerflächen an Schiffen, existieren aufgrund gut dokumentierter messtechnischer Untersuchungen und zunehmender Verfügbarkeit moderner Hard- und Software zur Strömungssimulation genügend Detailinformationen.

Reynolds-Zahl	Re= v·L/ν	$[m·s^{-1}·m·m^{-2}·s]$, [-]	F07
	Re = v·L/μ	$[kg·m^{-3}·m·s^{-1}·m·(kg·s^{-1}·m^{-1})^{-1}]$, [-]	

Technisches System	Re-Größenordnung	
Modellflugzeug	$1 \cdot 10^5$	T03
Hochleistungssegelflugzeug	$1 \cdot 10^6$	
Windkraftanlage	$2 \cdot 10^6$	
Cessna	$5 \cdot 10^6$	
Airbus	$1 \cdot 10^8$	
Zeppelin NT	$5 \cdot 10^8$	
Ozeandampfer	$5 \cdot 10^9$	

Anders auf der Seite der biologischen Analyse. Werden ganze Lebewesen betrachtet, sind oftmals Informationen über das Strömungsgebiet und auch der signifikanten Längen, hier die Rumpf- oder Körperlängen der Lebewesen, gegeben. Schwieriger gestaltet sich die Betrachtung einzelner Körperteile, etwa des (bewegten, schlagenden) Flügels einer Stubenfliege oder die Beobachtung des Aufsteilens des Gefieders eines landsegelnden Geiers oder der Flossenschlag eines Fisches. Ein Kataster typischer Strömungsszenarien an signifikanten Lebewesenkörperteilen wie sie in der biologischen Welt vorkommen mögen, existiert nicht. Das Problem ist seit langem gleichermaßen bekannt wie ungelöst. In den Naturwissenschaftlichen Instituten existieren durchaus ergiebige Mengen an Daten und Kennwerten zur Biomechanik der Lebewesen. Doch liegen diese Informationen selten in einer für den Konstrukteur brauchbaren Form vor. Tabelle (5) benennt einige Reynoldszahlen von Strömungsszenarien um ganze Tiere oder Lebewesenkörperteile.

Lebewesen	signifikante Länge	Geschwindigkeit	Re_b	
Forelle (Körper)	L= 0,25 [m],	v= 4 $[m·s^{-1}]$,	Re = $1·10^6$	T04
Goldfisch (Körper)	L= 0,2 [m],	v= 1 $[m·s^{-1}]$,	Re = $2·10^5$	
Kolibri (Flügeltiefe)	L= 0,02 [m],	v= 22 $[m·s^{-1}]$,	Re = $3·10^4$	
Libelle (Flügeltiefe)	L= 0,01 [m],	v= 15 $[m·s^{-1}]$,	Re = $1·10^4$	
Insekt (Rumpf)	L= 0,075 [m],	v= 2 $[m·s^{-1}]$,	Re = $1·10^3$	

Reichhaltiges Datenmaterial existiert auf den Gebieten der (Human- und Bio-) Allometrie, Isometrie und der biologischen Similaritäten [Guen-98] [Gör-75] [Hux-32] [Fli-02] [Cal-84] [Pflu-96] [Tho-92] [Zie-72].

Der Strömungswiderstand von Volltauchern.
Betrachtet werden lediglich stationäre, nichttransiente Effekte erster Ordnung. Damit bleiben zunächst auch Strömungsphänomene unberücksichtigt, die gerade in der Wissenschaft der Bionik als Paradebeispiele der Widerstandsminderung angesehen werden, wie etwa die dreidimensional schwingende Delfinhaut, das Generieren von Mikrowirbeln an der Körperoberfläche einiger Haiarten und der wohlbekannte Fischschleim. Ich gehe weiterhin vereinfachend davon aus, dass sich der fluidmechanische Gesamtwiderstand eines Volltauchers in Fahrt mit der Summe aller Partialwiderstände die an diesem System auftreten, angeben lässt: $R = \Sigma R = R_F + R_O + R_I$

Die Definitionen der Partialwiderstände sind keineswegs unumstritten und auch nicht eindeutig; eine weitere Ausdifferenzierung ist aber für unsere Berechnungsaufgaben wenig vorteilhaft. Es gelten einige Grundaussagen über die Charaktere der Partialwiderstände. Dies ist insbesondere dann nützlich, wenn aus den Beziehungen Similaritäten extrahiert werden können [Die11-4][Her-04].

Bevor ich die Partialwiderstände für das halbgetauchte Voranschwimmen und die sich aus Näherungsgleichungen ergebenden Similaritäten betrachte, machen wir uns mit der Nomenklatur einer Similaritätenbetrachtung vertraut und werfen einen Blick auf die drei physikalischen Basis-Größen Länge Zeit und Masse und einige abgeleitete Größen in diesem Spiel:

Symbol	Einheit	Größe	Dimension	
L	[m]	Länge	L	T05
t	[s]	Zeit	T	
M	[kg]	Masse	M	
A	[m^2]	Fläche	L^2	
V	[m^3]	Volumen	L^3	
v	[m s^{-1}]	Geschwindigkeit	$L\,T^{-1}$	
F, L, R	[N]	Kraft (Lift, Widerstand)	$M\,L\,T^{-2}$	
E,W	[Nm], [kg $m^2 s^{-2}$],[J]	Energie, Arbeit	$M\,L^2\,T^{-2}$	
P	[Nm s^{-1}],[kg $m^2\ s^{-3}$], [W]	Leistung	$M\,L^2\,T^{-3}$	
ρ	[kg m^{-3}],	Dichte	$M\,L^{-3}$	

Partialwiderstände

R_F Formwiderstand (Druckwiderstand) aufgrund der Umströmung der Körperkontur (benetzte Oberfläche).
Formwiderstand R_F ~   (v^2, V)
(Wirkung der Druckverteilung an einem umströmten Körper. Bestimmbar durch Integration über die gesamte Körperoberfläche; unter Berücksichtigung der Kraftkomponente in Anströmrichtung [Her-04]. Abhängigkeit von der Geschwindigkeit v des Systems und dem verdrängenden Volumen V).

R_O Widerstand aufgrund der Reibung an der benetzten Körperhülle.
Oberflächenwiderstand: R_O ~   (v^2, A)
(Wirkung der Wandschubspannung an einem Strömungskörper. R_O ist bestimmbar durch Integration über die gesamte Körperfläche unter Berücksichtigung der Kraftkomponente in Anströmrichtung [Her-04]. Abhängigkeit von der Geschwindigkeit v, der Viskosität des Mediums und der benetzten Oberfläche A des Systems).

R_I Induzierter Widerstand aufgrund fluiddynamischer Auftriebs- und Querkräfte.
Induzierter Widerstand R_I ~   (v^{-2}, L^2)
(Wirkung der durch dynamischen Auftrieb oder Querkraft generierten Randwirbel. Abhängig von der Geschwindigkeit $1/v^2$ und der Tiefe L^2 der fluidmechanisch wirksamen Bauteile).

Eine Similaritätsbetrachtung liefert qualitative Aussagen über den Einfluss einer Geometrievariation und der Transienz im Betrieb auf die Partialwiderstände. Die Proportionalitäten:

$$R_F \sim (v^2,\ V\ ) \sim (v^2,\ L^3\ ) \sim (L^5, T^{-1})$$
$$R_O \sim (v^2,\ A\ ) \sim (v^2,\ L^2\ ) \sim (L^4, T^{-1})$$
$$R_I \sim (v^{-2}, L^2\ ) \sim (T^{-2})$$

T06

Wir betrachten ferner die von der Strömung generierten Kräfte am Strömungskörper, den Lift L, den Reibungswiderstand R_R, Formwiderstand R_F und induziertem Widerstand R_I. In der Argumentation verwenden wir folgende Größen:

Strömungsfeld

Geschwindigkeit in [m/s],	v, w	$[ms^{-1}]$
Wegstrecke	s	[m]
Anstellwinkel (scheinbare Strömung)	α	[°]

Tragflächengeometrie

Tragflügellänge	b	[m]		
Profiltiefe	t	[m]		
überströmte Fläche des Flügels	A	$[m^2]$	A	$= b \cdot t$
Seitenverhältnis (Flügel)	λ	[-]	λ	$= A/b^2$
Profildicke	d/t	[%]		
Profilwölbung	f/t	[%]		
Wölbungsrücklage	xf/t	[%]		

Kräfte, Energie

Auftrieb, Querkraft, Lift	L	[N]	L	$= c_a \cdot A \cdot v^2 \cdot \rho/2$
Formwiderstand	R_F	[N]	R_F	$= c_w \cdot A \cdot v^2 \cdot \rho/2$
Reibungswiderstand	R_O	[N]	R_O	$= c_r \cdot A \cdot v^2 \cdot \rho/2$
induzierter Widerstand	R_I	[N]	R_I	$= c_I \cdot A \cdot v^2 \cdot \rho/2$
Widerstand des Volltauchers	R	[N]	R	$= R_F + R_O + R_I$
Widerstandsarbeit	W	[J]	W	$= R \cdot s$
Widerstandsleistung	P_R	[W]	P_R	$= (W_F + W_O + W_I) \cdot v$
Liftleistung	P_L	[W]	P_L	$= L \cdot v$

Beiwerte

Reibung: glatte Oberfläche, laminare Strömung	c_r	=	$1{,}327 \cdot (Re)^{-1/2}$
Reibung: glatte Oberfläche, turbulente Strömung	c_r	=	$0{,}074 \cdot (Re)^{-1/5}$
Reibung: raue Oberfläche, turbulente Strömung[4]	c_r	=	$0{,}418 \cdot (2+lg(t/k))^{-2,53}$
induzierter Widerstand[5]	c_I	=	$\lambda\, c_a^2 / \pi$
Form: (Analyse)	c_F		
Lift, Querkraft (Analyse)	$c_L, c_a,$		

Mit den Kenngrößen des Strömungsmediums (Dichte, Temperaturbereich, Transportkoeffizienten) und Aussagen über das Strömungsfeld (Strömungsgeschwindigkeiten, Reynoldzahlen und Strömungsrichtung) und ersten rudimentären Angaben über die Geometrie der avisierten Strömungskörper, lassen sich nun im Vorfeld realer Entwürfe Parameterstudien betreiben, die erste qualitative Vorstellungen und quantitative Aussagen zum Prinzip der technischen Lösung vor dem Hintergrund einer Übertragung im Sinne der Bionik liefern.

---

[4] Angabe der Rauigkeit k in [m]. Es gilt als glatt: k= 0,001[mm] = 10^{-3} [mm] = 10^{-6} [m].
[5] gemäß elliptischer Auftriebsverteilung nach Prandtl

Bibliographie und weiterführende Literatur

[Abbo-59]   Ira H. Abbott, Albert E. von Doenhoff: Theory of Wing Sections: Including a Summary of Airfoil Data. Dover Publications, New York 1959.

[BaNe-98]   Barthlott, W.; Neinhuis, C.: Lotusblumen und Autolacke – Ultrastruktur pflanzlicher Grenzflächen und biomimetische unverschmutzbare Werkstoffe. Biona Report 12, Schriftenreihe der Wissenschaften und der Literatur, Mainz. Gustav Fischer-Verlag, Stuttgart 1998.

[Bann-02]   Bannasch, Rudolph. Vorbild Natur. In: design report 9/02, S.20ff. Blue. C Verlag Stuttgart: 2002.

[Bapp-99]   Bappert, R. Bionik, Zukunftstechnik lernt von der Natur. SiemensForum München/Berlin und Landesmuseum für Technik und Arbeit in Mannheim (Herausgeber): 1999

[Bech-93]   Bechert, D.W.: Verminderung des Strömungswiderstandes durch bionische Oberflächen. In: VDI-Technologieanalyse Bionik, S. 74 – 77. VDI-Technologiezentrum Düsseldorf 1993.

[Bech-97]   Bechert, D.W., Biological Surfaces and their Technological Application. 28th AIAA Fluid Dynamics Conference: 1997

[Cal-84]   Calder, W.A. (1984) Size, Function and Life History. Harvard University Press. Cambridge 431pp.

[Die13-3]   Dienst, Mi.(2013) Reihenuntersuchung zu Profilkonturen für Leit- und Steuerflächen von Seefahrzeugen. Datenreihe ERpL2050. GRIN-Verlag GmbH München, ISBN 978-3-656-47215-5

[Die11-4]   Dienst, Mi.(2011) Methoden in der Bionik. Die Reynoldsbasierte Fluidische Fitness. GRIN-Verlag GmbH München.

[Die09-4]   Dienst, Mi.(2009) Physical Modelling driven Bionics. GRIN-Verlag München.

[DUB-95]   Dubbel, Handbuch des Maschinenbaus, Springer Verlag Berlin, 15.Auflage 1995.

[Eppl-90]   Richard Eppler: Airfoil Design and Data. Springer, Berlin, New York 1990.

[Fli-02]   Flindt, R. (2002) Biologie in Zahlen Berlin: Spektrum Akademischer Verl.

[Fren-94]   French, M.: Invention and Evolution: design in nature and engineering. Cambridge University Press. Cambridge 1994.

[Fren-99]   French, M.: Conceptual Design for Engineers. Berlin, Heidelberg, New York, London, Paris, Tokio: Springer: 1999

[Gel-10]   Produktinformation, 05 2010, GELITA 69412 Eberbach. www.gelita.com

[Guen-98]   Günther, B., Morgado, E. (1998) Dimensional analysis and allometric equations concerning Cope's rule. Revista Chilena de Historia Natural 71: 331-335, 1989

[Gör-75]   Görtler, H. Diemensionsanalyse. Berlin Springer 1975

[Guen-66]   Günther, B., Leon, B. (1966) Theorie of biological Similarities, nondimensional Parameters and invariant Numbers. Bulletin of Mathematical Biophysics Volume 28, 1966.

[Gutm-89]   Gutmann, W.: Die Evolution hydraulischer Konstruktionen. Verlag W. Kramer: Frankfurt am Main, 1989.

[Hüt-07]   Hütte, 2007, 33. Auflage, Springer Verlag. S.E147

[Hux-32]   Huxley, J.S. (1932) Problems of relative Growth. London: Methuen.

[Katz-01]   Joseph Katz, Allen Plotkin: Low-Speed Aerodynamics (Cambridge Aerospace Series) Cambridge University Press; 2 edition (2001)

[Liao-03]   Liao, J.C.; Beal, D.; Lauder, G.; Triantayllou, M. Fish Exploting Vortices Decrease Muscle Activty. In: Science 2003, S. 1566-1569. AAAS. 2003.

[Matt-97]   Mattheck, C.: Design in der Natur. Rombach Verlag. Freiburg 1997.

[Nac-01]   Nachtigall, W. (2001) Biomechanik. Braunschweig: Vieweg Verlag.

[Nach-98]   Nachtigall, W. : Bionik – Grundlagen und Beispiele für Ingenieure und Naturwissenschaftler. Springer-Verlag, Berlin-Heidelberg-New York 1998.

[Nach-00]	Nachtigall, Werner; Blüchel, Kurt. Das große Buch der Bionik. Stuttgart: Deutsche Verlags Anstalt: 2000.
[PaBe-93]	Pahl. G.; Beitz, W.: Konstruktionslehre, 3.Auflage. Berlin- Heidelberg-New York-London-Paris-Tokio: Springer 1993
[Pflu-96]	Pflumm, W. (1996) Biologie der Säugetiere. Berlin: Blackwell Wissenschaftsverlag.
[Rech-94]	Rechenberg, Ingo. Evolutionsstrategie'94. Frommann-Holzoog Verlag. Stuttgart: 1994.
[Schü-02]	Schütt, P., Schuck, H-J., Stimm, B. (2002) Lexikon der Baum- und Straucharten. Nikol, Hamburg, ISBN 3-933203-53-8
[Tho-59]	Thompson, D'Arcy, W. (1959) On Growth and Form. London: Cambridge University Press. (Neuauflage der Originalschrift 1907)
[Tho-92]	Thompson, D W., (1992). On Growth and Form. Dover reprint of 1942 2nd ed. (1st ed., 1917). ISBN 0-486-67135-6
[Tria-95]	Triantafyllou, M.: Effizienter Flossenantrieb für Schwimmroboter. In: Spektrum der Wissenschaft 08-1995, S. 66–73. Spektrum der Wissenschaft- Verlagsgesellschaft mbH, Heidelberg 1995.
[Zie - 72]	Zierep, J. (1972) Ähnlichkeitsgesetze und Modellregeln der Strömungslehre. Karlsruhe: Braun Verlag 1972.